Super M

Mathematik für alle

3

Sachrechnen

Herausgegeben von
Ursula Manten
Gudrun Hütten
Klaus Heinze

Erarbeitet von
Maike Teusen
Nicole Wolters

Illustrationen von
Martina Leykamm
Dorothee Mahnkopf

Cornelsen

Inhalt

1 Male dich selbst dazu.
Was denkst du über Sachaufgaben?

1 Gedanken zum Sachrechnen lesen; eigene Gedanken zum Sachrechnen notieren

① Klasse 3a bestellt jede Woche Getränke für die Pause.
Mio schreibt die Liste und sammelt das Geld ein.
Sieben Kinder trinken Milch, sechs Kinder Kakao,
vier Kinder bevorzugen Saft.
Milch kostet 30 ct, Kakao 35 ct und Saft 40 ct.

Was kosten die Getränke der 3a für eine Woche?

Das weiß ich schon:

a) Wichtig oder ~~unwichtig~~ für die Lösung? Markiere in der Aufgabe.
b) Lies aus der Aufgabe ab, trage ein.

Eine Milch kostet ________ ________ Kinder bestellen Milch.

Ein Kakao kostet ________ ________ Kinder bestellen Kakao.

Ein Saft kostet ________ ________ Kinder bestellen Saft.

c) Kreuze die richtige Zahl an.

Eine Schulwoche hat 7 Tage ◯ 6 Tage ◯ 5 Tage ◯.

Das will ich wissen:

Was kosten die Getränke der 3a für eine Woche?

So finde ich das heraus:

d) Notiere Überlegungen und Rechenwege übersichtlich. Skizzen , Tabellen helfen.

Milch kostet pro Woche ________

Kakao kostet pro Woche 1,75 €

Saft kostet pro Woche ________

Bestellung 3a		
Anzahl	Sorte	Preis
	Milch	
6	Kakao	10,50 €
	Saft	
zusammen		

Das weiß ich jetzt:

Die Getränke der 3a kosten für eine Woche ________

Das weiß ich schon | Das will ich wissen | So finde ich das heraus | Das weiß ich jetzt

② Anna hat die Liste für Klasse 3b geschrieben.

Klasse 3b	Milch	Kakao	Saft
Ali		x	
Anna			x
Anne			x
Fati		x	
Jan	x		
Lea			x
Lena			x
Maria	x		
Marlene			x
Max		x	
Naomi	x		
Nele		x	
Tim	x		
Tom			x
Vedat	x		

a) Beantworte die Fragen mit Hilfe der Liste.

Wie viele Mädchen bestellen Milch? ________

Wie viele Jungen trinken Kakao? ________

Wie viele Kinder möchten Saft? ________

b) Fülle die Tabelle aus.

	Milch	Kakao	Saft	zusammen
Mädchen				
Jungen				
Kinder				

c) Kreuze an, was du auch noch aus der Tabelle ablesen kannst.

Wie viele Jungen ein Pausengetränk bestellt haben. ☐
Wie viele Kinder der 3b Kakao bestellt haben. ☐
Wie viele Kinder zur Klasse 3b gehören. ☐
Wie viele Kinder ein Pausengetränk bestellt haben. ☐

d) Fülle für Anna die Bestellung aus.

Bestellung 3b		
Anzahl	Sorte	Preis
	Milch	€
	Kakao	€
	Saft	€
zusammen		€

Was kosten die Getränke der 3b für eine Woche?
Die Getränke der 3b kosten für eine Woche ________ .

Liebe Maria,
ich bin schon seit einer Woche in Spanien. Jeden Morgen mache ich einen Surfkurs. Um 15 Uhr gehe ich mit meinen Eltern an den Strand und bleibe dort bis 17.30 Uhr. Danach gehen wir eine halbe Stunde bis zum Restaurant. Um 21.15 Uhr gehe ich ins Bett. Ich freue mich darauf, dich in zwei Wochen wieder zu sehen.
Bis bald dein Ali

Maria Tapp
Geranienstr. 19
41748 Viersen

① Ali darf in den Ferien 45 Minuten länger aufbleiben. Wann geht er normalerweise ins Bett?

Das weiß ich schon:

Kreuze an, was richtig (X) ist.

- ◯ Die Postkarte ist für Marie.
- ◯ Ali macht einen Surfkurs.
- ◯ Ali geht um 15.00 Uhr an den Strand.
- ◯ Ali geht um Viertel nach neun ins Bett.
- ◯ Um 18 Uhr sind sie am Restaurant.
- ◯ Ali ist vier Wochen im Urlaub.

Das will ich wissen:

Wann geht er normalerweise ins Bett?

So finde ich das heraus:

Welche Rechnungen passen zur Aufgabe? Kreuze an und rechne aus.

a) ◯ ______ —+ 45 min→ 21.15 Uhr
b) ◯ 21.15 Uhr —+ 45 min→ ______
c) ◯ 21.15 Uhr —− 45 min→ ______
d) ◯ 15.21 Uhr —− 45 min→ ______
e) ◯ 21.30 Uhr —− 45 min→ ______

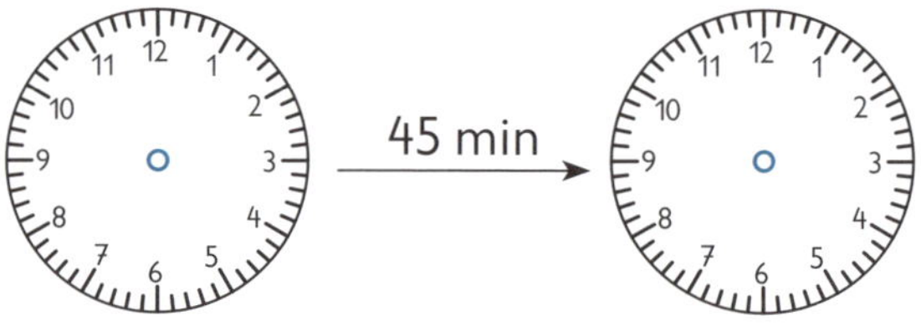

Das weiß ich jetzt:

Schreibe einen Antwortsatz. Überprüfe, ob er zur Frage passt.

____

1 Informationen aus einem Text entnehmen, Aussagen zum Text ankreuzen; richtige Aussage ankreuzen; richtige Rechnungen zuordnen; Rechnung lösen; Antwortsatz formulieren und auf Stimmigkeit prüfen

② Marie schreibt dir eine Postkarte.

a) Fülle die Lücken mit Hilfe der Zettel.

b) Schreibe die Postkarte zu Ende.

Liebe/r ____________________,
viele Grüße aus ______________________________.
Heute habe ich um __________ mit meinen Eltern gefrühstückt.
Dann bin ich um __________ zum Reiten gegangen, weil der Weg __________ dauert.
Nach dem Reiten sind meine Eltern und ich mit dem Auto __________ zu einem Restaurant gefahren.
Meine Spagetti haben nur __________ gekostet.
Beim Schwimmen bin ich __________ vom 3m-Turm gesprungen.

____
____
____
____
____

____
____
____
____

3 km | 3,50 € | 30 min | 10.00 Uhr | 9.15 Uhr | Österreich | 7 mal

2 Informationen aus Bildern entnehmen; Lückentext mit Größenangaben ergänzen; Geschichte fortsetzen;

① Nach den Ferien gab es Veränderungen in allen Klassen.
Trage in die Tabelle ein.

Letztes Schuljahr			
Klasse	Mädchen	Jungen	Summe
1a		11	21
1b	13		22
2a	9	12	
2b	7	13	
3	14	15	
4a		9	18
4b	11		19
Summe			

Neues Schuljahr			
Klasse	Mädchen	Jungen	Summe
1a			
1b			
2a			
2b			
3a			
3b			
4			
Summe			

In der 2a sind nun 2 Mädchen mehr.

Es werden 50 neue Erstklässler eingeschult.

In der 3b ist ein Junge weniger.

In der 1a sind 12 Mädchen und 14 Jungen.

In der 3b sind nun 3 Mädchen mehr.

Die ehemaligen Viertklässler sind nun auf einer anderen Schule.

In der 3a ist ein Junge weniger.

In der 1b sind gleich viele Jungen und Mädchen.

② Insgesamt gehen nun ________ Kinder in die Erich Kästner Schule.
Vergleiche die Schülerzahlen.
Schreibe.

Mir ist aufgefallen, dass ______________________________

____

____

____

1 Tabellen füllen; Daten aus Tabelle entnehmen und übertragen; 2 Tabellen vergleichen, Veränderungen beschreiben und interpretieren;

③ In der Erich Kästner Schule werden Arbeitsgemeinschaften (AGs) angeboten. Es gibt insgesamt 33 Mädchen und 38 Jungen im 3. und 4. Schuljahr.
Fülle die Tabelle.

AGs	Mädchen	Jungen
Fußball	2	
Tennis		4
Tanzen		1
Computer	3	
Töpfern	6	
Experimente		4
Zeitung	1	
Summe		

④ Stelle die Teilnehmerzahlen als Schaubild dar.

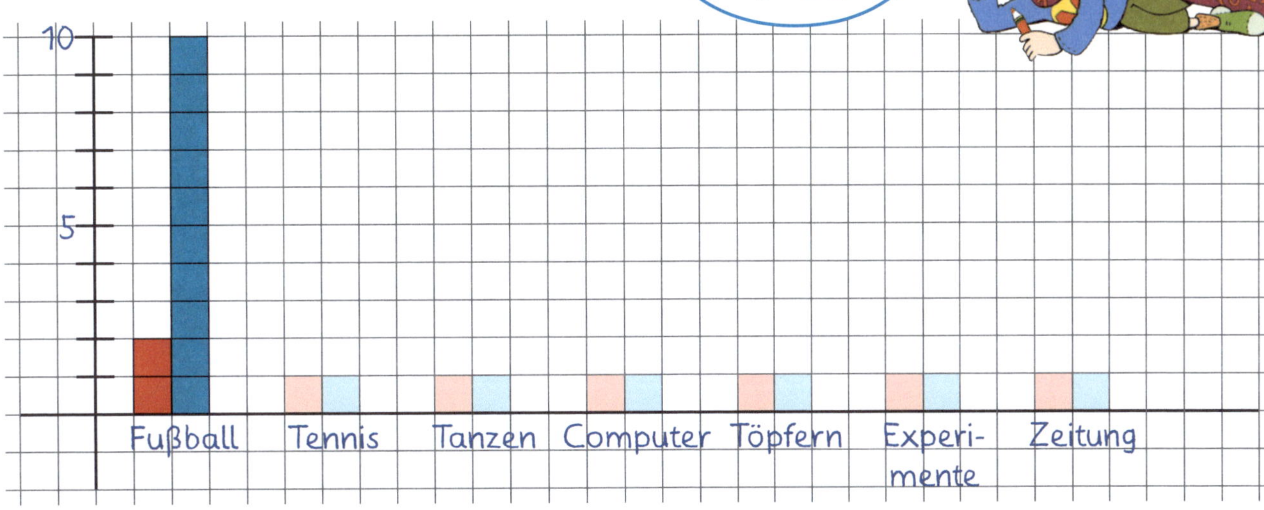

⑤ Fülle die 4-Felder-Tafel aus.

Teilnahme an den AGs		
	Ja	Nein
Mädchen		
Jungen		

3 Daten aus Strichliste entnehmen und in Tabelle übertragen;
4 Daten in Säulendiagramm darstellen; **5** 4-Felder-Tafel ausfüllen;

Pausenspiele

① Lena und Maria spielen Hüpfkästchen. Sie zeichnen dafür das Spielfeld mit Kreide auf.

a) Wie viele Striche brauchen sie für die 7 Felder? Zeichne.

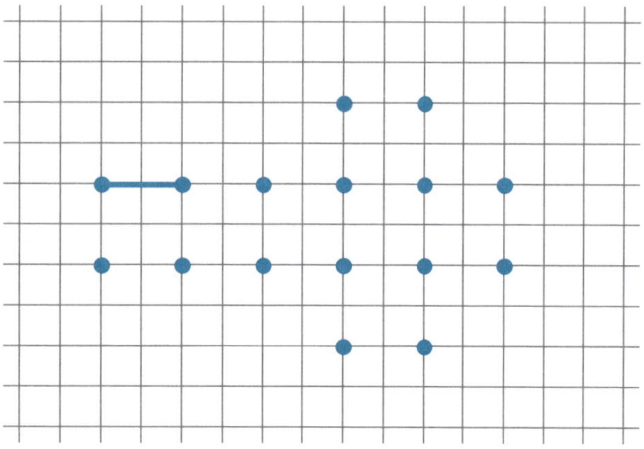

b) Sie wollen ein 8. Feld ergänzen. Dafür zeichnen sie noch ______ weitere Striche.

② Tom und Jule sammeln und tauschen Karten. Zusammen haben sie 32 Karten. Jule hat 6 Karten mehr.

32	
16	
	15
Jule	Tom

Verteile die Karten.

Tom hat ______ und Jule ______ Karten.

③ Pia und Ben sammeln und tauschen Aufkleber. Zusammen haben sie 28. Wenn Ben 7 Aufkleber an Pia gibt, haben beide gleich viele Aufkleber.

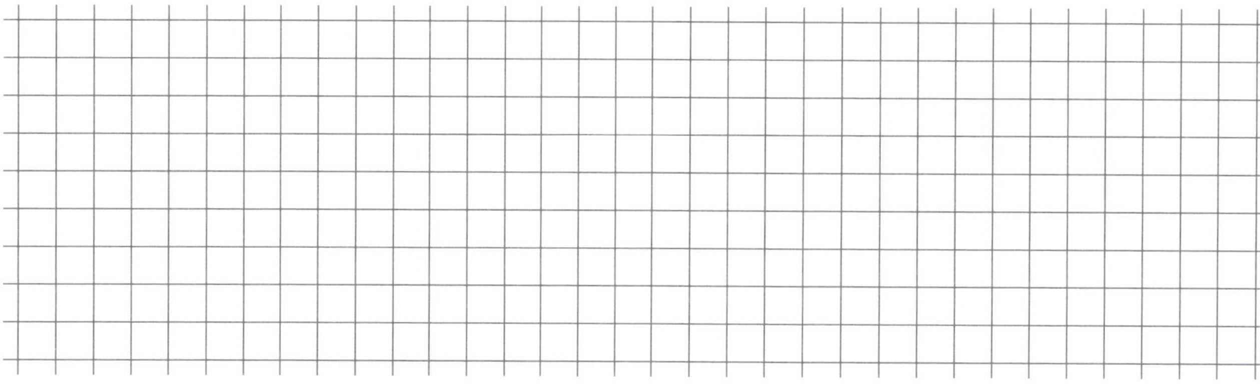

Ben hat ______ Aufkleber.

1 Skizze vervollständigen; 2 Lösungsanregungen nachvollziehen und nutzen; 3 eigenen Lösungsweg dokumentieren

④ Mio, Jonas, Lisa und Naomi spielen mit Murmeln.
Gewonnen hat die Murmel, die am nächsten an der Wand liegt.

1) **Jonas** Murmel liegt näher an der Wand als die Murmel von **Lisa**.
2) **Naomis** Kugel liegt näher an der Wand als **Jonas**.
3) **Mios** Murmel liegt näher an der Wand als **Naomis**.

Hier siehst du die einzelnen Schritte bis zur fertigen Skizze.

a) Färbe die Kugeln.

1)
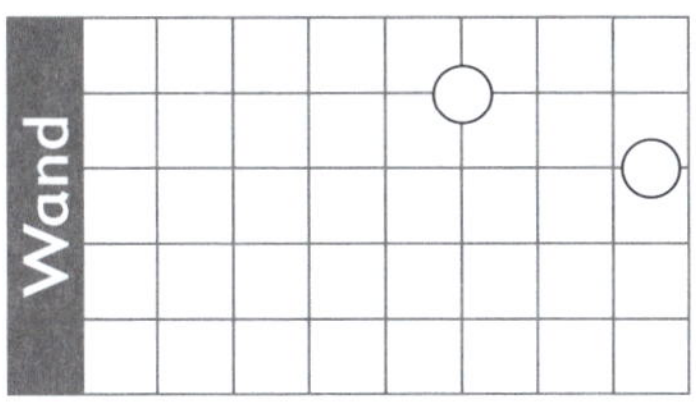

2)
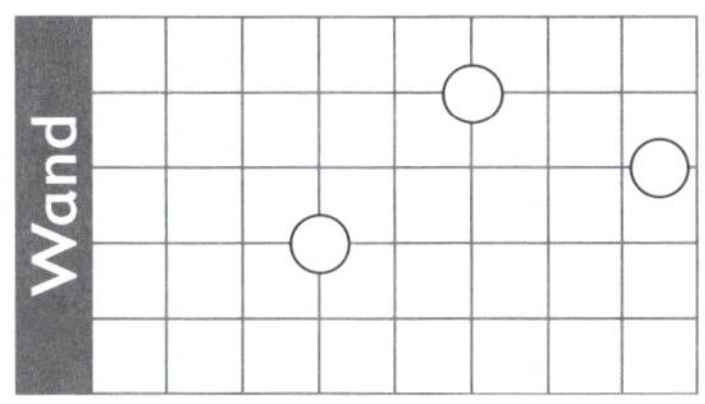

3)
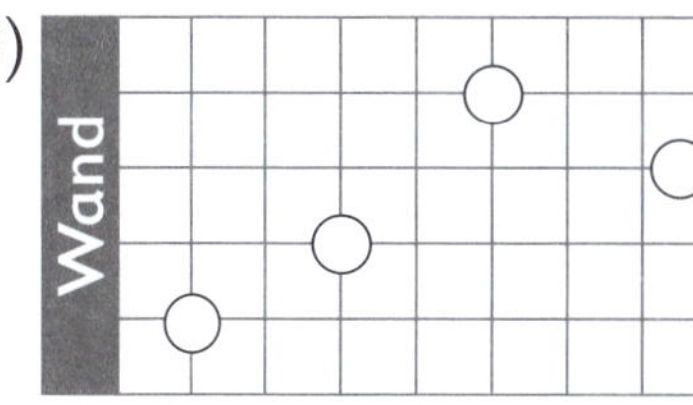

b) ______________ hat gewonnen.

c) Übertrage die Reihenfolge in diese Skizze.

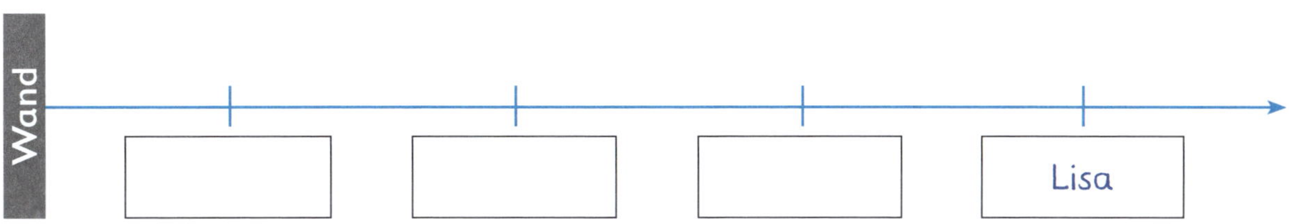

⑤ In der nächsten Runde spielt Vedat mit.
Vedats Murmel liegt näher an der Wand als **Naomis**, aber weiter entfernt als **Lisa**.
Jonas Murmel liegt weiter entfernt als **Naomis**.
Mios Kugel liegt weiter entfernt als **Lisa**, aber näher als an der Wand als **Vedats**.

a) Welche Skizze passt? Kreuze an.

1) ☐
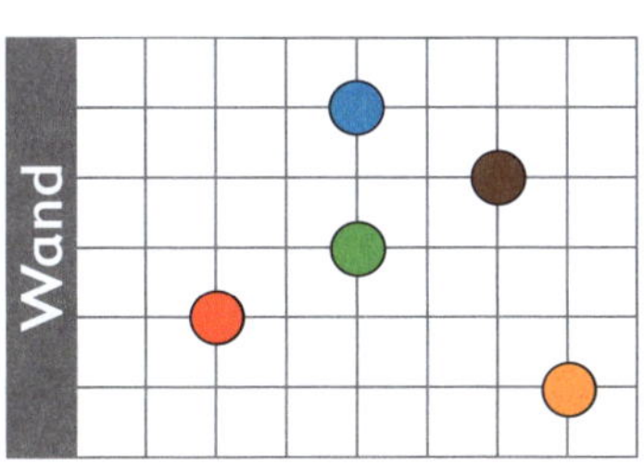

2) ☐
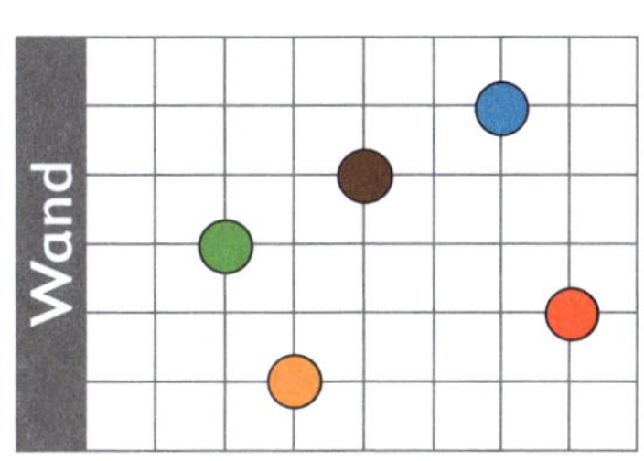

3) ☐
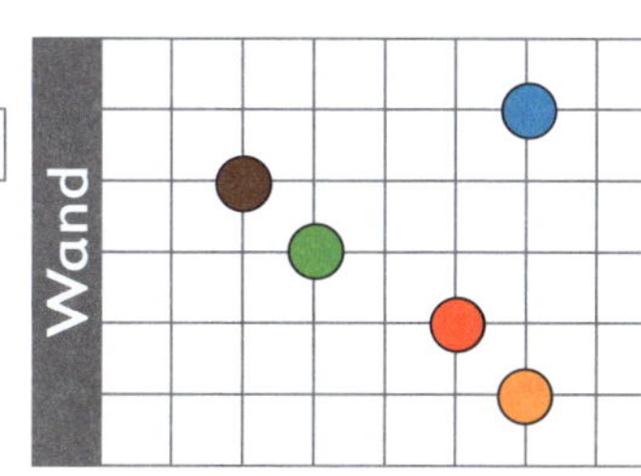

b) Wie bist du vorgegangen?

____

____

____

c) ______________ hat gewonnen.

4 Skizze nachvollzielen, in andere Skizze übertragen; Gewinner ermitteln
5 passende Skizze auswählen; Wahl begründen

Kinderuni-Tag

Heute findet an der Giraffenschule der Kinderuni-Tag statt.
Schon seit einigen Wochen bereiten die Kinder für ihre Infotheken Vorträge und Lernplakate vor. Es werden Infotheken um 10.00 Uhr und um 11.00 Uhr angeboten.
Dazwischen ist eine Viertelstunde Pause geplant.
Am Ende des Schultages helfen alle Kinder beim Aufräumen. Um 12.15 Uhr sind alle fertig.

10.00 Uhr		
Was?	Wo?	Wer?
Delfine	1a	Naomi
Judo	3b	Vedat
Hunde	2a	Jonas
Internet	Medien	Noah
Eisberge	4a	Maria
Popstars	3a	Lisa
Vulkane	2b	Timo
Das Auge	4b	Ali
Bäume	Musik	Sara
Katzen	1b	Marlene

11.00 Uhr		
Was?	Wo?	Wer?
Indianer	3b	Alex
Blumen	1b	Tim
Bienen	Musik	Paula
Wetter	4a	Anna
Reiten	2a	Laura
Weltall	Medien	Tom
Dinos	4b	Mio
Spinnen	3a	Lea
Elefanten	1a	Nina
Fußball	2b	Max

(1) Markiere in der entsprechenden Farbe.

② Noah geht um 9.25 Uhr zur Schule. Er ist 15 min vor Beginn seiner Infothek da. Nach dem Aufräumen der Klasse geht er wieder zurück nach Hause.

a) Wann ist Noah zu Hause?
Die folgenden Hilfsfragen helfen dir.
Verbinde mit der passenden Antwort.

Wann geht Noah Los?	Genauso lange wie der Hinweg also ________ Minuten.
Wann beginnt seine Infothek?	Um 10.00 Uhr beginnt die Infothek.
Wann ist er an der Schule?	9.25 Uhr bis 9.45 Uhr sind ________ Minuten.
Wie lange braucht er für den Hinweg?	Um 9.25 Uhr verlässt er das Haus.
Wann sind sie mit dem Aufräumen fertig?	Um 12.15 Uhr sind sie mit Aufräumen fertig.
Wie lange dauert der Rückweg?	12.15 Uhr —+ 20 min→ ________
Wann ist er zu Hause?	 —−15 min→ 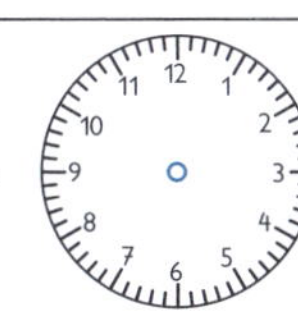

b) Trage in die Zeitleiste jeweils den Beginn ein.

Hinweg | 1. Infothek | 2. Infothek | Rückweg

9.00 Uhr — 10.00 Uhr — 11.00 Uhr — 12.00 Uhr — 13.00 Uhr →

An der Schule | Pause | Aufräumen | Zu Hause

Noah ist um ________ wieder zu Hause.

2 Hilfsfragen in eine Reihenfolge bringen; Antworten zuordnen; Aufgaben lösen; auf eine Zeitleiste eintragen

Lust auf Eis

① Ergänze die Preistabelle.

70 ct				

② Wie viel müssen die Kinder bezahlen?
Schreibe auf, wie du rechnest! Nutze die Preistabelle aus Aufgabe 1.

a) 

b) 

c) 

d) 

③ Was hat Jan sich wohl ausgesucht? Notiere mehrere Möglichkeiten. Nutze die Tabelle.

Eiskugel 70 ct	Sahne 50 ct	Streusel 20 ct	Soße 25 ct

④ Male dein Lieblingseis. Was kostet es?

1, 2 Informationen aufnehmen und nutzen (Preistafel), Preise berechnen, Zuordnung: Einkauf–Preis; 3 Preis–mögliche Repräsentanten; 4 eigene Aufgabe finden

Rezept für Erdbeereis

Zuerst musst du die Früchte waschen und klein schneiden. Anschließend füllst du sie in eine Schüssel und pürierst sie.
Dann rührst du den Jogurt und die Milch unter die Früchte. Zum Schluss fügst du 1 bis 2 Esslöffel Zucker hinzu.
Danach stellst du die Creme für 2 Stunden in das Gefrierfach. Fertig!

(5) Vedat wird 9 Jahre alt. Er möchte für seine Geburtstagsfeier Eis selbst machen. Er hat 11 Kinder für 15 Uhr eingeladen.

Das weiß ich schon:

Das will ich wissen:

So finde ich das heraus:

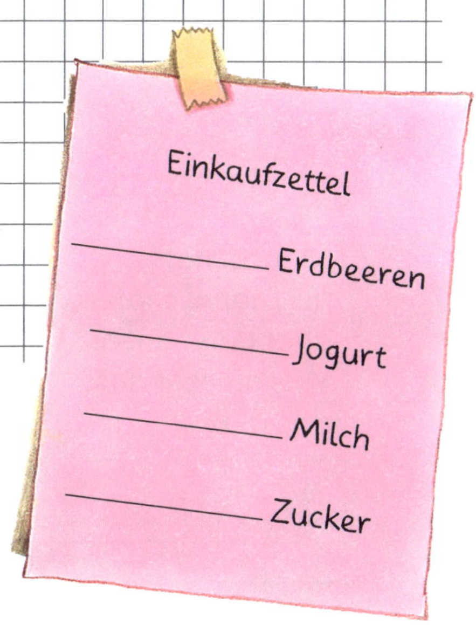

Das weiß ich jetzt:

Vedat braucht ____________ Erdbeeren, ____________ Jogurt

____________ Milch und ____________ Zucker.

Schulfest

Die Schule am Martinshof macht ein Schulfest. An der Wasserstaffel treten immer zwei Gruppen mit je 3 Kindern an. Sie haben 10 Minuten Zeit den Messbecher mit Wasser zu füllen.

1 Berechne.

a) Mannschaft 1 hat 300 ml geschafft. Jedes Kind der Mannschaft 2 ist 6-mal gelaufen. Welche Mannschaft hat gewonnen?

b) Mannschaft 3 schafft genau 480 ml. Mannschaft 4 füllte den Messbecher nur bis 360 ml. Wie oft ist jedes Kind der Mannschaft 3 gelaufen? Wie oft ist jedes Kind der Mannschaft 4 gelaufen?

c) Mannschaft 5 ist 4-mal öfter gelaufen als Mannschaft 6, Mannschaft 6 hat aber gewonnen. Woran liegt das?

1 Milliliterangaben berechnen; Antwort begründen; Rundenanzahl ermitteln;

② Löse die Aufgaben und trage den Lösungsbuchstaben ein.

1. Welche Geschichte passt zur Rechnung? Kreuze an.

210 + 70 =

Jedes Kind hat 70 ml geschafft, insgesamt haben sie 210 ml.	P
Gruppe 1 hat 210 ml, Gruppe 2 hat 70 ml mehr.	S
70 Kinder haben 210 ml erreicht.	T
Keine Geschichte passt.	M

2. Welche Antwort passt zur Frage? Kreuze an.

Wie viele Milliliter haben sie geschafft?

Sie haben 120 ml mehr.	R
In den Messbecher passen 20 ml.	P
Sie haben 420 ml geschafft.	U
Keine Antwort passt.	O

3. Welche Rechnung passt zur Geschichte? Kreuze an.

Gruppe 7 hat 430 ml und Gruppe 8 hat 370 ml.

7 + 430 + 8 + 370 =	S
7 x 8 =	T
430 – 370 =	P
Keine Rechnung passt.	I

Du bist

1	2	3	4	5

4. Welche Frage passt zur Antwort? Kreuze an.

Jedes Kind ist 6-mal gelaufen.

Wie lange sind sie gelaufen?	7
Wie viele Milliliter haben sie erreicht?	M
Wie viele Runden ist jedes Kind gelaufen?	E
Keine Frage passt.	I

5. Welche Geschichte passt zur Skizze? Kreuze an.

300 ml   200 ml

In Becher 1 ist genauso viel wie in Becher 2.	A
In Becher 1 ist doppelt so viel wie in Becher 2.	G
In Becher 1 ist weniger als in Becher 2.	E
Keine Geschichte passt.	R

2 Multiple Choice, Aussagen und Fragen zuordnen; Lösungswort als Selbstkontrolle

Kinder einer Welt

(1) Die Adam Riese Schule in Cottbus möchte eine Schule in Afrika unterstützen. Die Schülerinnen und Schüler wollen 500 € sammeln, damit die Schule neue Bücher und Hefte kaufen kann. Deswegen machen sie einen Sponsorenlauf. Pro gelaufene Runde bekommen sie 50 Cent.
Reicht das Geld aus, um die Bücher und Hefte zu kaufen?

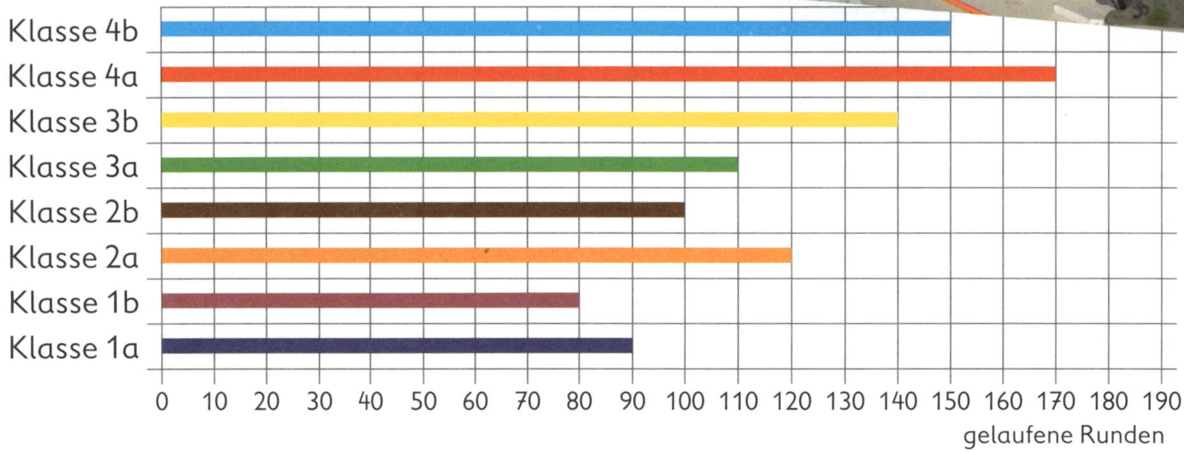

Das weiß ich schon:

Runden der Klasse 1a ____________ Runden der Klasse 1b ____________

Runden der Klasse 2a ____________ Runden der Klasse 2b ____________

Runden der Klasse 3a ____________ Runden der Klasse 3b ____________

Runden der Klasse 4a ____________ Runden der Klasse 4b ____________

Das will ich wissen:

____

So finde ich das heraus:

Das weiß ich jetzt:

____

1 aus einem Balkendiagramm Daten ablesen; Frage formulieren; Lösungsweg darstellen; Antwortsatz formulieren

② Um das fehlende Geld noch zu bekommen, spendet der Bürgermeister der Stadt für jede Runde, die ein Lehrer läuft, 2 €.
Wie viele Runden müssen die Lehrer der Adam Riese Schule laufen?

Das weiß ich schon:

Das will ich wissen:

So finde ich das heraus:

Das weiß ich jetzt:

③ Welches Diagramm passt zur Aufgabe?
a) Kreuze an.

A ☐

B ☐

C ☐

b) Begründe deine Entscheidung.

____

____

____

____

2 Sachsituation mit Lösungsschema lösen;
3 Kreisdiagramm zuordnen; Wahl begründen

Im Freizeitpark

(1) Beantworte Annes und Alis Fragen.

Öffnungszeiten
Von April bis September täglich von 8.00 Uhr bis 18.00 Uhr

Kinder/Jugendliche/Studenten	26,50 €
Erwachsene (ab 18 Jahre)	30,50 €
Gruppen (ab 20 Personen)	22,00 €
Schulklassen (ab 15 Personen) (eine Begleitperson frei)	17,00 €
2-Tageskarte Kinder	45,00 €
2-Tageskarte Erwachsene	57,00 €
Jahreskarte Kinder	98,00 €
Jahreskarte Erwachsene	122,00 €

Das weiß ich schon:

Wichtig oder ~~unwichtig~~ für die Lösung? Markiere in der Aufgabe. Notiere!

Kinder-Einzelkarte ______________

Jahreskarte Kinder ______________

Wichtig oder ~~unwichtig~~ für die Lösung? Markiere in der Aufgabe. Notiere!

Öffnungszeiten Monate ______________

Öffnungszeiten täglich ______________

Das will ich wissen:

____

____

So finde ich das heraus:

Das weiß ich jetzt:

____

____

1 Informationen im Text markieren und notieren; Frage stellen; Lösungsweg darstellen ermitteln; Antwortsatz formulieren

(2) Ali und Lea gehen im Freizeitpark zu verschiedenen Attraktionen.

a) Wie lange braucht jeder für seinen Weg?

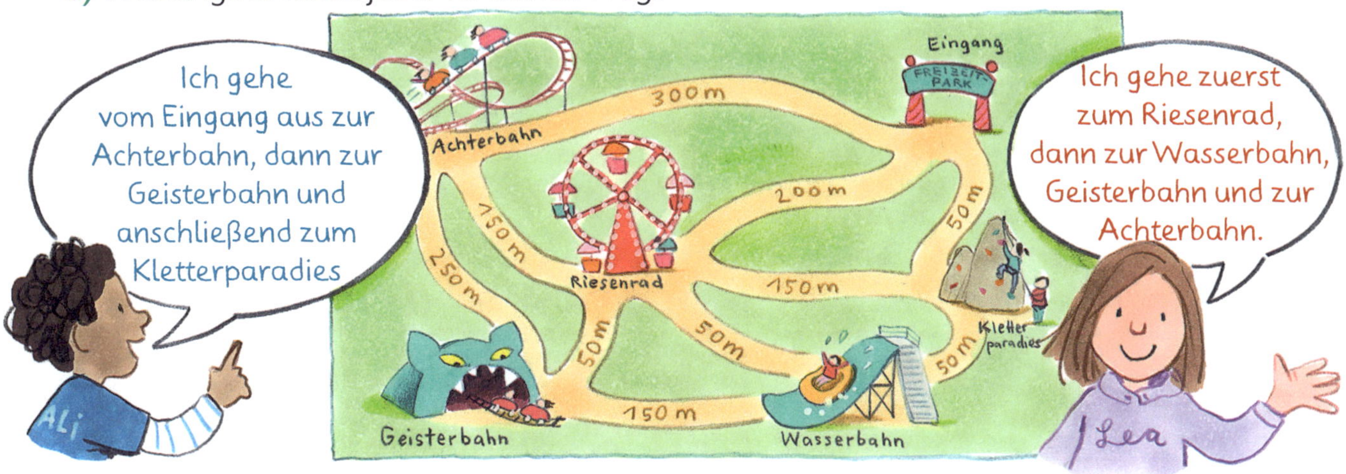

Das weiß ich schon:

Eine Minute sind ____________ Sekunden.

100 Meter geht ein Kind in ____________ Sekunden.

Das will ich wissen:

____

____

So finde ich das heraus:

Strecke in m	50 m	100 m	200 m	300 m	400 m	500 m
Zeit in Sekunden		90 s				
Zeit in Minuten und Sekunden		1 min 30 s				

b) Zeichne Alis Weg blau und Leas Weg rot nach.

Ali geht ____________ Meter. Lea geht ____________ Meter.

Das weiß ich jetzt:

Ali braucht für seinen Weg ____________________.

Lea braucht für ihren Weg ____________________.

2 eine Minute in Sekunden umwandeln, benötigte Zeit angeben; Frage formulieren; Tabelle ausfüllen; Zeit in unterschiedlicher Schreibweise notieren; Strecke markieren und berechnen; Zeit für die Strecke ermitteln;

Lea bereitet ihre Infothek vor. Dazu informiert sie sich in einem Lexikon über die Gartenkreuzspinne. In ihrem Kopf entstehen viele Fragen.

(1) Welche Textstellen helfen Lea weiter. Unterstreiche. Nutze verschiedene Farben.

Die Gartenkreuzspinne
(Araneus diadematus)

Während Insekten stets sechs Beine haben, hat die Gartenkreuzsspinne wie alle Spinnen acht Beine.

Der Körper des Weibchens wird bis zu 18 mm lang, der des Männchens nur halb so lang.

Im September legt das Weibchen über 100 Eier ab und spinnt sie in einen Kokon ein. Die Jungspinnen überwintern darin gut geschützt und schlüpfen erst Anfang Mai.

Die Gartenkreuzspinne wird etwa zwei Jahre alt.

Die kreisförmigen Radnetze der Gartenkreuzspinne sind bis zu 50 cm groß und dicht gewebt.

Die Gartenkreuzspinne wurde zur Spinne des Jahres 2010 gewählt.

(2) Die Kinder haben Fehler gemacht. Kannst du ihnen helfen ihre Fehler zu finden.
a) Überprüfe Leas Lösungsweg. Notiere als Tipp, wodurch ihr Fehler entstanden ist.

Das weiß ich schon:	6 Beine, 100 Jungspinnen
Das will ich wissen:	Wie viele Beine sind mindestens im Kokon?
So finde ich das heraus:	100 · 6 = 600
Das weiß ich jetzt:	Es sind mindestens 600 Spinnen.

Mein Tipp

1 Informationen aus einem Lexikonartikel entnehmen, 2 Fehler in Aufgaben erkennen, Lösungs-/Korrekturvorschläge formulieren

b) Überprüfe Jans Lösungsweg.
Notiere als Tipp, wodurch sein Fehler entstanden ist.

Das weiß ich schon: 8 Beine, Weibchen 18 mm

Das will ich wissen: Wie groß wird das Spinnenmännchen?

So finde ich das heraus:
8 : 2 = 4
18 mm – 2 = 16 mm

Das weiß ich jetzt: Das Männchen hat 4 Beine und wird 16 mm groß.

Mein Tipp

c) Überprüfe Vedats Lösungsweg.
Notiere als Tipp, wodurch sein Fehler entstanden ist.

Schreibe den richtigen Lösungsweg für Vedat vollständig auf.

Das weiß ich schon: September (9. Monat) bis Mai (5. Monat)

Das will ich wissen: Wie lange bleiben die Jungtiere im Kokon?

So finde ich das heraus:
9 – 5 = 4

Das weiß ich jetzt: Sie bleiben 4 Monate im Kokon.

Mein Tipp

Im Zeltlager

Die Pfadfindergruppe Falke möchte in den Ferien mit 40 Kindern und 10 Betreuern eine 4-tägige Fahrt in ein Zeltlager machen.

Preise pro Person für Übernachtung und 3 Mahlzeiten				
	Hauptsaison Mai- August		**Nebensaison September- April**	
Tage	Kinder	Erwachsene	Kinder	Erwachsene
1-2 Tage	18 €	25 €	15 €	23 €
3 Tage	16 €	23 €	13 €	21 €
4 Tage	14 €	21 €	11 €	19 €
Schlafsack und Luftmatratze 5 €				

① Finde viele Rechenfragen. Schreibe sie auf.

② Löse eine von deinen Fragen.

1 Informationen aus Text, Tabelle, Bild entnehmen;
2 Eigene Rechenfragen finden und lösen

Die Pfadfindergruppe Falke besteht
aus 17 Mädchen und 23 Jungen.
Auf dem Zeltplatz gibt es unterschiedliche Zelte.
Die Betreuer nehmen Zelte für 2 Personen.

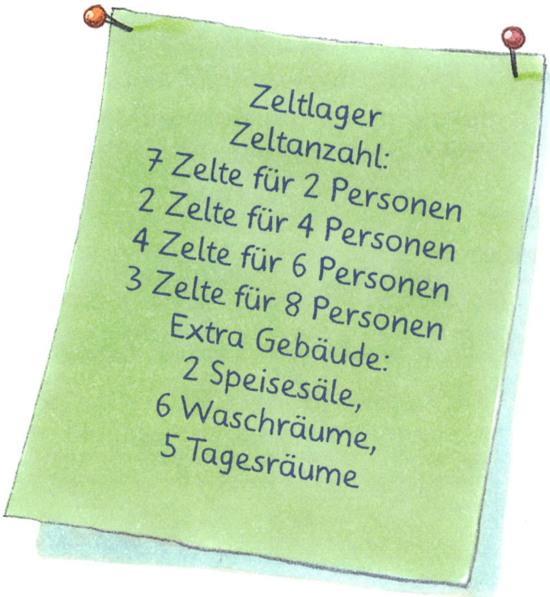

(3) Wie viele Zelte braucht die Pfadfindergruppe?
Finde mehrere Möglichkeiten.

Das weiß ich schon:

Mädchen ____________

Jungen ____________

Betreuer ____________

Das will ich wissen:

So finde ich das heraus:

Das weiß ich jetzt:

Insgesamt benötigt die Pfadfindergruppe mindestens ____________ Zelte:

____________ für die Mädchen, ____________ für die Jungen und ____________ für die Betreuer.

Ferien in Sicht

Jan und seine Familie planen eine Flugreise. Im Reisebüro sieht Jan an der Wand Uhren, die unterschiedliche Zeitzonen anzeigen.

Los Angeles (USA)	London (England)	Berlin (Deutschland)	Sofia (Bulgarien)	Tokio (Japan)

① Trage ein.

In London ist es ______________________ als bei uns in Berlin.

In Sofia ist es ______________________ als bei uns.

In Los Angeles ist es ______________________ als in Berlin.

In Tokio ist es ______________________ als bei uns in Berlin.

② Fülle die Tabelle.

Ort	Uhrzeit										
Los Angeles											
London											
Berlin	8.00	9.00	10.00	11.00	12.00	13.00	14.00	15.00	16.00	17.00	18.00
Sofia											
Tokio											

③ Jan möchte seine Freundin Jil in Los Angeles anrufen.
Wann wäre es günstig? Begründe.

____

____

____

1 Zeitzonen kennen lernen; Lückentext füllen 2 richtige Uhrzeit in den unterschiedlichen Zeitzonen ermitteln, Tabelle ergänzen 3 durch eigene Erfahrung passende Zeitspanne ermitteln

(4) Jeder Reisende darf einen Koffer mitnehmen, der nicht mehr als 20 kg wiegt.
Bei einem höheren Gewicht fallen zusätzliche Gebühren an:
bis 1 kg Übergepäck 4 €, bis 2 kg 8 €, usw.
Das Höchstgewicht von 32 kg pro Koffer darf nicht überschritten werden.

a) Wie viel Gebühren muss die Familie bezahlen?

b) Wie viel wiegen die Koffer der Familie zusammen?

(c) Wie können sie das Gewicht verteilen um Gebühren zu vermeiden?

d) Jan möchte sein Lieblingsbuch (450 g) mitnehmen. In welchen Koffer passt es noch?

Tunnel-Weltrekord

Der Gotthard-Basistunnel
1999 wurde mit den Bauarbeiten für den längsten Eisenbahntunnel der Welt begonnen, dem Gotthard Basistunnel in der Schweiz. Es wurde gleichzeitig von beiden Seiten gebohrt. 2017 soll der Tunnel fertig sein. Dann können Züge durch ihn hindurch fahren.

(1) Beantworte die Fragen.

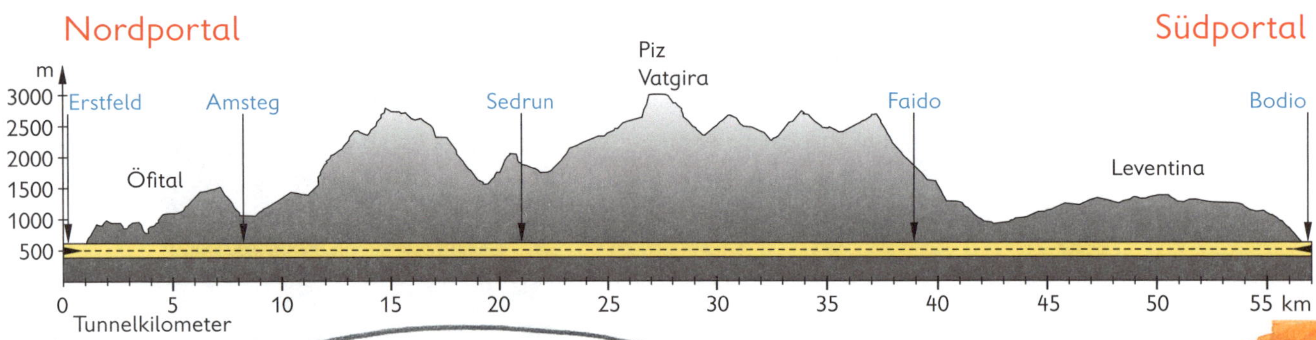

Der Gotthard Basistunnel besteht aus zwei Tunnelröhren mit jeweils einem Gleis. Dazwischen gibt es Verbindungsröhren.

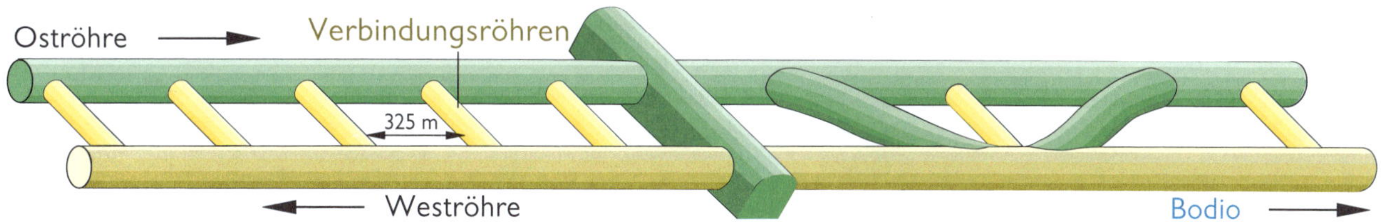

② Wie viele km Schienen werden im Gotthard Basistunnel verlegt?
a) Überschlage.
b) Berechne.

③ Die Tunnelbohrmaschine des Gotthard Basistunnels gehört zu den größten Landmaschinen der Welt. Sie ist 400 m lang.
Wie viel mal so lang ist der Tunnel?
a) Überschlage.
b) Berechne.

Das kann ich jetzt

Unterschiedliche Vorgehensweisen zu Sachaufgaben wiederholen;
Gedanken zum Sachrechnen im Vergleich zur ersten

Male dich selbst dazu.
Wie denkst du jetzt über Sachaufgaben?

Super M
Mathematik für alle
Sachrechnen 3

Herausgegeben von: Ursula Manten, Gudrun Hütten, Klaus Heinze

Erarbeitet von: Maike Teusen, Nicole Wolters

Redaktion: Jens-Uwe Mertens

Illustrationen: Martina Leykamm, Dorothee Mahnkopf (Super M)

Grafik: Christine Wächter (Seite 28, 29)

Layout und technische Umsetzung: Checkplot, Anker & Röhr

Umschlaggestaltung: Ines Schiffel

Bildredaktion: Peter Hartmann

Bildnachweis:
18 Susanne Rupp, Berlin; 22.1 OK_Araneus-diadematus_.jpg, 22.2 picture-alliance/dpa/Paul van Gaalen

Bestandteile des Lehrwerks Super M für das 3. Schuljahr

	Westliche Bundesländer	Östliche Bundesländer/Berlin
Schülerbuch 3 mit Kartonbeilagen	978-3-06-081339-1	978-3-06-082384-0
Arbeitsheft 3	978-3-06-081343-8	978-3-06-082385-7
Arbeitsheft 3 mit CD-ROM	978-3-06-081347-6	978-3-06-082437-3
Einstiege/Aufstiege 3, Arbeitsblätter zur Differenzierung	978-3-06-081421-3	978-3-06-082386-4
Einstiege 3, Arbeitsblätter zur Differenzierung im Block	978-3-06-081483-1	
Aufstiege 3, Arbeitsblätter zur Differenzierung im Block	978-3-06-081484-8	
Handreichungen für den Unterricht mit Lehrermagazin	978-3-06-081351-3	978-3-06-082438-0
Kopiervorlagen mit CD-ROM	978-3-06-081414-5	978-3-06-082439-7
Im Paket: Handreichungen für den Unterricht mit Lehrermagazin und Kopiervorlagen mit CD-ROM	978-3-06-081487-9	978-3-06-082440-3

Rechentraining 3	978-3-06-083167-8
Sachrechnen 3	978-3-06-083170-8
Addition/Subtraktion 3	978-3-06-083171-5
Daten, Häufigkeit und Wahrscheinlichkeit 3	978-3-06-083169-2
Geometrie 3	978-3-06-083173-9
Multiplikation/Division 3	978-3-06-083172-2

www.cornelsen.de

1. Auflage, 1. Druck 2011

Druck: Druckhaus Berlin-Mitte GmbH

ISBN 978-3-06-083170-8

Inhalt gedruckt auf säurefreiem Papier aus nachhaltiger Forstwirtschaft.